第一次
打造花园
就成功

懂花园的人，
都懂生活。

创意四季

×

混栽105例

日本主妇之友社　著

张　洋　译

U0213500

中国轻工业出版社

图书在版编目（CIP）数据

第一次打造花园就成功. 创意四季混栽105例 / 日本主妇之友社著；张洋译. — 北京：中国轻工业出版社，2019.5

ISBN 978-7-5184-2432-0

Ⅰ.①第… Ⅱ.①日… ②张… Ⅲ.①花园－园林设计 Ⅳ.① TU986.2

中国版本图书馆 CIP 数据核字（2019）第 062557 号

责任编辑：杨　迪　　责任终审：劳国强　　整体设计：锋尚设计
策划编辑：龙志丹　　责任校对：李　靖　　责任监印：张京华

出版发行：中国轻工业出版社（北京东长安街6号，邮编：100740）

印　　刷：北京博海升彩色印刷有限公司

经　　销：各地新华书店

版　　次：2019年5月第1版第1次印刷

开　　本：710×1000　1/16　印张：7

字　　数：200千字

书　　号：ISBN 978-7-5184-2432-0　定价：58.00元

邮购电话：010-65241695

发行电话：010-85119835　传真：85113293

网　　址：http://www.chlip.com.cn

Email：club@chlip.com.cn

如发现图书残缺请与我社邮购联系调换

180585S5X101ZYW

从三组开始制作混栽吧！

"混栽"指的是在一个花盆中栽种上多种植物的观赏性作品。

虽然第一印象有些复杂，

但其实只需要在小小的花盆中种上两三种植物，

就能够完成一个合格的混栽作品。

混栽的思维方式与制作料理和搭配衣服十分相似。

没有必须遵守的条条框框，

只需要了解选择植物的方法和最基本的种植方式，

就能够自由发挥创意啦！！

不仅仅是植物之间的搭配，还有各种容器可供选择，

不同组合产生的魅力可谓无穷无尽。

首先请选择三组植物，

从小型混栽开始学习制作方法吧！

比起普通的种植单一植物，

制作混栽能让人更加充分感受到植物的魅力。

如果不知道该如何搭配，可以参考本书中的混栽作品，

植物的组合，颜色的搭配，

都可以尽情地模仿。

只要不断积累经验，总有一天你也会制作出

"属于自己的混栽作品"！

目录

关于本书中使用的常用标志

2 种 3 组

这个标志的含义是"本混栽作品使用了两种植物，共三组"。

这个标志的含义是该混栽作品制作的大致时间。"秋"代表10月~12月左右，"春"代表3月~5月左右，"夏"代表6月~7月左右。（但是，根据居住区域和气候的不同，花苗的上市时间也有区别）

---

1 三色堇"妖精纱"
2 夏日菊
3 常青藤"毛茸茸"（分成两组）

混栽分布图表示的是各种植物种植时的大致位置。其中三角形的部分代表将一组植物分成几株使用。

*描述植物名称时，双引号中表示的是品种名称（例如大戟"钻石冰霜"等）。

Introduction

新手入门

首先作为入门级篇章，

先来学习一些关于混栽的基本知识吧。

无论要制作什么样的混栽，

这些知识一定能够派上用场。

Step 1 大胆想象！先设想出要制作的混栽作品

监修 土谷MASUMI

在真正动手制作混栽之前，先想想自己希望制作出什么样的作品。
下面将介绍如何让自己的想象更加丰满而具体。

设想作品时的小窍门

希望将作品装饰在哪里？

首先，请设想一下希望将完成之后的作品装饰在哪里
吧。玄关、阳台的桌子上、楼梯或是走廊边……接下来
想象一下，这个场景适合怎样的混栽作品，自己希望以
什么样的形式去观察（让人欣赏）这个作品。"玄关的位
置比较引人注目，所以要制作颜色鲜亮的作品"，"我想
装饰阳台，所以想加入一些自己喜欢的花，体积可以小
一些"等，尽情想象吧！

希望何时开始制作呢？

植物会受到季节的影响，春天的花朵、能够度过炎炎夏日
的花朵、从秋天一直开放到春天的花朵等，不同季节适合
使用的植物种类也不同。还要考虑到混栽制作的时间周
期，如果选用了开花时间和观赏时间较长的植物，那么只
需要在春天或者秋天进行制作，完成之后就可以欣赏近一
整年的时间。请充分考虑自己的生活节奏，喜欢哪个季节
的花朵，可以参考下方的日历决定制作混栽作品的时间。

混栽日历   * 不同地区、气候的时间会有一定差异。

	1月	2月	3月	4月	5月	6月	7月	8月	9月	10月	11月	12月
1年2次	秋天~春天的混栽									秋天~春天的混栽		
				春天~夏天的混栽								
1年4次	秋天~春天的混栽									秋天~春天的混栽		
				春天~初夏的混栽								
						夏天的混栽						
									秋天~初冬的混栽			

选择使用的容器

如果脑海中没有具体的想法，可以去园艺用品商店，先决定"想要使用什么样的容器（花盆）"。有些容器的形状更能够凸显出作品的平衡感。只要确定了使用哪个容器，就能够更顺利地确定植物的高矮和造型了。例如选择了浅口的容器，就可以选择矮小一些的植物，因为如果给浅口容器种上了较高的植物，就会显得头重脚轻，缺乏平衡感。开始制作前，先来了解一些常用的容器和容易打造出平衡感的造型。

❖ 碗状容器

碗状的容器一般不会太高。因为容易产生一体感，所以往往适合种植矮一些的，造型比较统一的植物。照片中使用的植物是三色堇和帚石南，因为能够长时间保持低矮的状态，所以十分适合用于此类容器。适合放置在花架或者花园里的餐桌上。图中混栽作品详见P83。

圆润的整体造型

高一些的植物
藤蔓类植物

❖ 细长型容器

使用种植面积较小，高度较高的容器时，可以选择使用与容器高度相近的植物或者藤蔓类植物，更容易打造出平衡感。例如，照片中使用的是植株高度较高的大戟和藤蔓较长的忍冬，放在玄关前有极强的装饰效果。图中混栽作品详见P99。

建议左右对称

❖ 有一定宽度的盒装容器

盒装容器大多较浅，因此还是适合搭配一些较为低矮的植物。同时可以选择左右对称的种植方式，打造出风格统一的混栽作品。从素材区分，木制的、马口铁或陶瓷等应有尽有，可以根据希望装饰的场所来进行选择。图中混栽作品详见P90。

来看看制作混栽都需要准备的材料吧。

推荐购买一整套工具，能够使用很长时间。

 制作前期的准备

工具和材料

❶ 钵底石
放入花盆中能够提高作品的透气性。在花盆底部铺上专用的网后放入底石，再倒入泥土即可。

❷ 缓释型肥料
这种肥料呈颗粒状，可以作为初始肥料或追肥来使用。在土壤中混入这种肥料，就可以让营养均衡地逐渐释放出来，促进植物茁壮成长。

❸ 土
使用园艺用品商店或建材城正常销售的植物用土即可。种植三组植物大概需要10升左右的土壤。

❹ 铲土工具
用于将土壤放置到容器中，可以准备一大一小两个，随时根据情况调整需要放入的土壤的分量。

❺ 一次性筷子
需要让土壤填满植物的根部空隙时使用。

❻ 钵底网
一般园艺用的花盆底部都有漏水口，为了防止浇水时土壤流出，以及来自底部的害虫侵扰，一般习惯使用专用网将花盆底部罩住。

❼ 手套
直接接触土壤容易伤害手部肌肤，因此建议准备一副手套。也可以选择材质轻薄的一次性手套。

❽ 洒水壶
浇水时尽量不要从植物的上方，而要沿着底部慢慢地浇在土壤上，因此建议选择出水口可摘取的洒水壶。

除此之外还可以准备园艺专用的手套，用来擦拭花盆和手的毛巾等。

容器（花盆）

植物组数与容器尺寸配合表

组数	容器尺寸
2~3	6 号花盆（直径 18 厘米）左右
4~5	7 号花盆（直径 21 厘米）左右
6~7	8 号花盆（直径 24 厘米）以上

在园艺用品商店的花盆卖场，我们能看到琳琅满目的各式容器。既有最常见的红陶花盆也有分量感十足的陶制花盆，还有轻便易携带的塑料花盆和玻璃纤维材质的、时尚的马口铁材质的以及贴近自然的木制花盆和藤编花篮等，种类繁多。因为形状、颜色和尺寸各不相同，所以在挑选的时候很容易眼花缭乱。如果不知道该怎么选择，可以参考P16的混栽。

不同植物的每组大小也不尽相同，请根据实际情况调整。

常用于制作混栽的植物

❖ 主角

三色堇类

花色和造型繁多，是秋季制作的作品中不可或缺的重要花材。每年10月左右上市，观赏周期一直持续到第二年的5月左右。

仙客来

花园种植的仙客来一般比室内的仙客来更加耐寒，但冬天还是尽量在室内栽培。10~12月上市的花苗最便于培育。

樱草

一般混栽作品中喜欢使用樱草"朱利安"和樱草"波莉安撒"。晚秋时间上市，能够一直开放到深冬时节。

羽衣甘蓝

一般会使用迷你羽衣甘蓝用来制作混栽作品。1组含有3~5株，可以拆开使用，十分方便。

矮牵牛

3月左右上市，如果打理得当可以从春季一直开放到秋季。既有单色的花朵，也有带有纹路的花朵，色彩多样。

银莲花

花型有一重也有八重的，颜色也是从冷色到暖色，应有尽有。从秋天到春天都能够在店里买到带有花苞的花苗。

❖ 衬托主角的叶类植物

常青藤

藤蔓类植物，种类繁多，有的带有白色斑点，有的叶片发黄；有的造型尖锐，有的形态圆润，适合搭配各式各样的花材。

鳞叶菊

枝条造型的银色植物。适合搭配红色系、蓝色系等颜色浓烈的花朵。可以分成几株使用。

珊瑚铃

有黄色、橙色、红色、棕色、绿色、银色等，颜色十分丰富。因为叶片面积较大，所以非常适合用来补充植株之间的空隙位置。一年四季都可以使用。

Step 3 初学者也没问题！混栽的基本种植方法

只要掌握了混栽的基本种植方法，就可以选择自己喜欢的搭配进行制作了。

🪴 混栽的基础

本次使用的花苗和容器

❷ 羽衣甘蓝

三色堇

宽叶百里香

准备两组三色堇、一组羽衣甘蓝、两组宽叶百里香和一个长20厘米、宽16厘米、高13.5厘米的容器。本次使用的是5组植物，但也可以三种植物各选一组，用更小的花盆来搭配，制作方法是一样的。

此外还需要准备好种植用土壤、缓释型化肥、钵底网、钵底石（可用轻石代替）、铲土工具、剪刀、细木棍（可用一次性筷子代替）。

分布示意图

```
1   1
3   2   3
```

将明艳的黄色三色堇放在作品的后方，与其呈对比色的紫色的羽衣甘蓝放在前方，尽情展示出对比色的美感。为了让这两种颜色相互交融，可以在左右种上叶片带有斑点的宽叶百里香。像宽叶百里香这样的叶类植物，在种植时要注意让它的叶片和茎部向四方伸展，这样就能给作品增添一丝灵动感。一开始可以选择这种左右对称的造型，便于掌握作品整体的平衡。

种植方法

1 剪下一块略大于花盆底部漏水孔的钵底网，盖在花盆底部，上方放置钵底石。再将适量的缓释型化肥与土壤充分混合，倒入容器中。注意掌握土壤的量，种植植物后土壤距离容器边缘1厘米比较适宜。

3 用手指轻轻剥落花苗上方的泥土。

2 将三色堇取出，如果有枯萎的叶子，要从根部剪掉。

4 如果花材的根一直延伸到了土壤的最底部（左图），则需要用手指轻轻去除底部的根（右图）。这样花苗才能够长出新的根。

5

将三色堇种植在花盆后方。如果想打造出花朵溢出花盆的效果，要让花苗稍稍向外侧倾斜。

6

取出羽衣甘蓝，如果四周都有根（土壤中到处都有），要将手指轻轻地插入土壤底部，让根部变得松散一些。

7

调整羽衣甘蓝的角度，让它正面向前，种植在花盆前端的中间位置。

8

调整百里香的角度，让造型较好的叶子出现在作品前方，种在花盆前端左右两侧。

9

用土壤填满每组植物之间的空隙，注意不要压住植物的叶子和茎。

10

用一次性筷子轻轻按压土壤，判断是否已经分布均匀。如果土壤不够可以再追加一些。

种植完成后，大量浇水，直到水从花盆底流出。在室内放置一两天，整体状态稳定后，再放在日照良好的位置。

完成

色彩调整

如果把三色堇的颜色换成紫色…

照片中的作品，只是将三色堇的颜色换成了紫色。不同于黄色与紫色营造出的生动鲜艳，同为紫色系的花朵给作品增添了一丝成熟和高雅。

该作品详见P60~61

11

Step 4 掌握诀窍！混栽制作的技巧和打理方法

本章介绍一些制作混栽时的小技巧，和让完成的混栽作品保存更长时间的打理方法。

混栽制作的高级技巧

推荐！

如何选择花苗

在园艺用品店中，同一种类的花苗经常是密密麻麻的摆了一大片，如何从中选出"适合制作混栽"的花苗呢？例如，在选择经常用来作为配角的绿叶植物时，可以注意观察植物的形态，比起整体较为紧凑的植物苗，可以选择茎叶伸展性好一些的苗，这样将其用于混栽作品时，就能打造出更加具有分量感、充满乐趣的作品。购买前可以多比较一下再决定。

这是两盆宽叶百里香的苗。右边的苗造型十分整齐，显得有些拘谨。而左边的苗有高有低，有的向下延伸有的向上伸展，能打造出混栽作品中十分重要的"律动感"。

如何将绿叶植物分株

本书中介绍的很多作品都需要"分株"。所谓分株，指的就是将一棵苗分成几株小苗的操作。将分开之后的小苗种植在花盆的各个位置，能够营造出一种自然、细致的混栽效果。尤其是绿叶植物的分株，总能给人带来不一样的感受。但是，因为有些植物的根部不易分开，所以请参考下方的照片，仔细进行分株操作。

百里香的分株。将苗取出，双手拿住后向两边拉动使之分成两半。注意要慢慢操作，尽量不要拉断根部。

❖ 可以分株的绿叶植物 ❖

常青藤

牛至

羽衣甘蓝

初雪葛

黑龙

除了上述植物之外，鳞叶菊、铁丝草、羽衣茉莉、薹草、荷花、金色桃等叶类植物也能够进行分株。

让混栽作品保持更久的打理方法

放置场所

不同植物适合的场所各不相同，有的喜欢日晒，有的喜欢阴凉，也有的喜欢干燥一些。如果已经确定了放置的位置，就需要根据这个位置的特性来选择适合的植物。也可以通过其他工具来调整，例如将花盆放在花架上或是桌子上，可以加强日晒和通风效果。

在背阴的位置，可以选择放置珊瑚玲等在背阴处也能茁壮成长的植物。

浇水

浇水的基本原则是"当表面的土壤干燥了就需要浇水，直到下方有水渗出即可"。浇水的频率根据温度、湿度会产生变化。此外，不同植物需要的浇水量也不相同，有的植物喜欢干燥、有的植物喜欢湿润、有的花盆（例如素烧盆）容易吸收水分，所以需要分情况进行考虑。尽量做到每天观察混栽的植物，根据植物的实际情况掌握合理的浇水频率。

（右图）充分浇水，直到花盆下方有水渗出。
（下图）浇水不是直接从上方浇，而要从植物的根部开始浇，可以取下浇水壶的喷头，注意不要将水洒在植物的叶片和花朵上。

摘除枯萎的花朵、修剪枝叶

花朵枯萎之后，如果不及时将枯萎部分摘除，这部分就会逐渐吸走整棵植株的养分。同时，枯萎的花朵也会影响整个作品的观赏效果，所以每天浇水时都要仔细检查，有没有需要摘除的枯萎的花朵。要养成好习惯，看到开始枯萎的花朵就可以及时将其摘除。同时还要注意，植物在春、夏季节的生长速度很快，需要及时修剪。尤其是矮牵牛，一旦茎部过长就会影响整体的美观，有的时候需要剪掉1/2左右的茎叶，保证植株的清爽、整洁。虽然修剪后看上去花朵会减少，但一段时间后就会长出新芽，整体造型看上去更加丰润，花朵的数量也会增加。

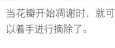

在摘除枯萎的花朵时，不仅要摘掉花瓣，而需要使用剪刀从萼片处整体摘除。

当花瓣开始凋谢时，就可以着手进行摘除了。

修剪掉约一半的植株，两三周后就会长出新的花朵（不同植物花朵的实际生长速度不同）。

枯叶的处理

因为混栽是将多种植物种在一起，所以当植物生长过于茂盛时，底部就容易产生闷湿等问题。尤其是春季气温与湿度同时上升，这样的问题就更容易发生，因此需要时不时地检查植物的根部，看是否需要处理。如果在根部发现了枯萎的叶子，要及时修剪。通过这种处理方式，可以让植物整体更加透气，有效预防多种疾病。调整好了花盆中的状态，植物就能更加健康茁壮地生长，混栽的观赏期也更长。

检查根部的位置，及时修剪发黄、枯萎的叶子。

施肥

为了保持混栽作品的枝叶茂盛，要定期给植物施肥。首先，在制作混栽之前，就要在土壤中充分混合花草专用的缓释型肥料，然后再开始种植。这种混栽之前使用的肥料被称为基肥，需使用能够长时间、缓慢提供养分的粒状肥料。

如果养分不足，植物的叶片就会发黄，花朵也会变少，所以要在制作完成两周后开始使用速效性肥料（液体肥料），按照要求进行稀释后再用于施肥。这时施加的肥料叫做追肥，一般10天一次即可，像浇水一样对植物的根部施肥。

一般的液体肥料都需要用水稀释后再使用。请按照包装上的要求进行稀释。

用液体肥料施肥时，和浇水一样需要对根部进行。

预防病虫害

在春、秋两季，气候温暖，植物容易受到蚜虫、蛞蝓等害虫的干扰，给混栽的整体效果造成不好的影响。此外，如果环境条件出现了问题，还会引发白粉病、灰霉病等疾病。要注意日常通风、及时处理枯萎的枝叶、经常观察植物，防止病虫害的发生。如果病虫害已经较为严重，或者没有办法频繁进行护理时，要使用专用的药物治理病虫害。

春天，花苞和茎部经常会出现蚜虫。蚜虫会吸食植物的汁液，让植物逐渐虚弱，一旦发现了要及时对应。

药物的种类繁多，有些直接涂抹于患病位置，有些需要撒在土壤上使用。不同的病虫害需要使用不同的药物。

Part 1

3组植物的小型
创意混栽

本章的作品都需要使用3组植物。

看似简单实则深奥，

即使是制作过混栽的人也能够学到新的知识，

可谓十分有趣。

那么，就让我们赶快从3组开始制作吧！

三色堇

1 精选绿叶衬托粉色三色堇

因为只选用了一种花朵，所以在选择绿叶搭配时要十分用心。常青藤的叶片质感独特，到了冬天还会逐渐泛红，可以分成两株使用。长长的藤蔓包裹住花盆，打造出律动感。

3种3组

1 三色堇"妖精纱"
2 夏日菊
3 常青藤"毛茸茸"（分成2株）

容器尺寸 直径16厘米、高12厘米
制作者 土谷MASUMI

* 混栽示意图中的三角形部分，表示将植物分株后进行种植。

2 寻找魅力植物搭配心仪的容器

挑选合适的容器也是混栽中很关键的一步。
因为想要选用这个复古的水壶作为容器，所以就要搭配合适的植物。
略带棕调的橙色三色堇和水壶上的图案交相辉映，可谓不二之选。

秋

3种3组

1 三色堇
2 珊瑚玲"黄油奶油"
3 四叶草"天使的浪漫礼服"（分成两株）

容器尺寸 直径14厘米、高23厘米
制作者 佐佐木幸子

3 两种带有斑纹的叶类植物点亮整体作品

秋

长条状的吉祥草，叶片圆润的茜草，
乍看之下似乎完全不同的两种植物，
其实有着共同之处——"白色的斑纹"。
三色堇花瓣上方也隐约泛白，能够打造
出整体的统一感，让作品显得更加明快。

```
   3
 2   1
```

3种3组

1 三色堇
2 斑纹吉祥草
3 茜草 "大理石皇后"

容器尺寸 直径21厘米、高19厘米
制作者 吉谷桂子

秋

4 常见植物也能搭配出独特创意

向上延伸的石菖，横向伸展的三色堇，
常青藤的叶片静静地垂在花盆边缘。
正因为只选用了三组植物，才能更加突出彼此的特性，
打造出独一无二的混栽作品。

3种3组

1 三色堇 "横滨特选 花祭"
2 常青藤 "白雪公主"
3 黄金石菖蒲

容器尺寸 直径23厘米、高25厘米
制作者 吉谷桂子

19

三色堇

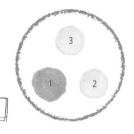

5 红陶花盆配同色系植物

为了打造出整体的统一感，这里特意选择了与容器颜色相似的植物。

虽然色系相同，

但叶片的形状、质感都各不相同。

只要及时摘除三色堇枯萎的花朵，

就能够持续开花长达半年以上的时间。

3种3组

1 三色堇"自然桑葚"
2 珊瑚铃"乔治亚海岸"
3 薹草

容器尺寸 直径27厘米、高11厘米
制作者 吉谷桂子

秋

6 错开花期，打造灵动风格

鬼针草的花期是春季与秋季，
在冬天则不会绽放花朵。
此时，小朵的三色堇就会一跃成为主角。
像这样将花期不同的花朵相互组合起来，
随着季节变换，作品的风格也会千变万化。

秋

3种3组

1 小朵三色堇
2 鬼针草
3 羽衣茉莉（黄叶）

容器尺寸 26厘米 × 12厘米、高33厘米
制作者 吉谷桂子

7 从繁育角度选择植物

三色堇的根部充满生命力，
花期持续时间较长。
所以在选择与之搭配的植物时，
注意不要干扰三色堇的自由生长。
鬼针草的根部力量相对较弱，
珊瑚玲的生长也比较缓慢，
从繁育角度来考虑如何选择植物，
也是混栽制作的一个重要方法。

秋

3种3组

1 三色堇
2 鬼针草
3 珊瑚玲

容器尺寸 22厘米 × 18厘米、高16厘米
制作者 吉谷桂子

三色堇

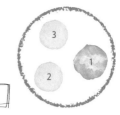

✂ 银色与黄色叶片搭配独特花朵

3种3组

每一株三色堇都有自己的独特个性，
有时也会出现颜色十分特殊的花朵。
为了与之相配，本作品选择了同色系的银叶仙客来
和亮眼的黄金钱草。

1 三色堇
2 仙客来 "白金阿芙洛狄特"
3 黄金钱草 "丽思"

容器尺寸 直径24厘米、高12厘米
制作者 吉谷桂子

秋

9 造型各异的叶类植物
打造出平衡感

本作品使用了同色系的一组花朵和两组叶类植物。
叶片娇小的帚石南，叶片圆润自然下垂的悬钩子，
既突出了三色堇独特的颜色，
又营造出了叶类植物独有的平衡感。

3种3组

1 三色堇 "DJ蜜蜂"
2 帚石南 "贝欧里金"
3 悬钩子 "阳光灿烂"

容器尺寸 直径24厘米、高23厘米
制作者 吉谷桂子

三色堇

10 统一的粉色系花朵造型多变

本作品选择了三种粉色的植物，搭配别具风味的花盆。
绽开的荷叶边三色堇搭配含苞待放的迷你仙客来，让整个作品活泼可爱。
虽然三种花朵的形状和质感都各不同，但通过相同的粉色系打造出了
独特的统一感。

3种3组

1 荷叶边三色堇
2 圣诞欧石楠
3 迷你仙客来

容器尺寸 直径23厘米、高25厘米
制作者 吉谷桂子

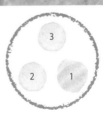

11 使用古朴厚重的容器
展现季节特色

为了突出容器的复古设计和独特的边缘花纹，
作品搭配了律动感十足的植物。
宛如枯枝的茜草能够营造出冬日的氛围，
樱草与三色堇明亮的花色和碧绿的叶子，
则让人感受到对早春的期待。

3种3组

1 三色堇"美妙"
2 樱草"幸福环"
3 茜草

容器尺寸 直径23厘米、高32厘米
制作者 杉井志织

三色堇

12 用两种植物凸显高贵的青蓝色三色堇

独特的高贵青蓝色三色堇，让人一见钟情。

为了突出花朵的存在感，

我们选择了造型简约的容器。

再搭配薜荔，营造出混栽独有的律动感。

2种2组

1 三色堇
2 薜荔

容器尺寸 直径12厘米、高15厘米
制作者 CHIRO

秋

13 灰色系混栽用来搭配
娴静的冬季庭院

用略带灰色调的三色堇，打造出一个优雅娴静的
混栽作品。
通过三种灰调的混搭，营造出成熟的外观。
虽然不够亮丽，但与深秋时节安静的庭院相得益彰。

3种3组

1 三色堇 "巧克力糖霜"
2 薹草 "金铜卷"
3 铁丝网灌木

容器尺寸 直径20厘米、高25厘米
制作者 CHIRO

三色堇

14 为了搭配可爱的花色，
对花盆也进行了特殊处理

为了搭配色彩明艳的三色堇，对花盆的色彩也进行了特殊处理，
让作品整体都更加可爱动人。
三色堇向左右延伸，银莲花和樱草则向上方伸展，
到了春季就能够成长为分量感十足的作品了。

秋

3种3组

1 三色堇 "虹色堇甜心"
2 银莲花 "极光"
3 樱草 "古都樱"

容器尺寸　直径24厘米、高18厘米
制作者　吉谷桂子

15 用银莲花的叶子和小花
营造整体感

11月下旬开始上市的出芽银莲花苗，
搭配上分株的庭荠，交替种植在花盆中。
购买庭荠时，要注意从根部观察是否便于分株。
寒冬过后，银莲花的花朵在春天会再度绽放。

3种3组

1 三色堇
2 银莲花
3 庭荠（分成5株）

容器尺寸 直径16厘米、高14厘米
制作者 高田英明

秋

三色堇

16 淡粉与深红，同色系的花朵打造统一感

花期较长的三色堇向左右自然延伸，
珊瑚玲叶片颜色艳丽，
向上直立生长的帚石南造型细腻。
三种植物个性十足，色系却十分相近，
由此营造出了作品整体的统一感。

秋

3种3组

1 三色堇 "横滨特选花祭"
2 珊瑚玲 "格鲁吉亚李子"
3 帚石南 "花园女孩"

容器尺寸 直径29厘米、高17厘米
制作者 吉谷桂子

17 搭配不同造型的橙色和红色花朵 `3种3组`

制作同色系植物的混栽时，要注意让植物相互映衬，
三色堇的花朵较大，银莲花的花瓣则十分小巧，
相互衬托更能凸显彼此的魅力。
相同色系的搭配看上去十分和谐。

1 三色堇
2 帚石南
3 银莲花 "极光"

容器尺寸 直径21厘米、高11厘米
制作者 吉谷桂子

仙客来

秋

18 华丽红色圣诞

本作品以红色为主色调，圣诞气氛浓郁。
仙客来和三色堇的红色色调一致，所以十分和谐。
仙客来如果种得太深，根部容易发霉，
因此要注意不破坏根部结构，种得浅一些即可。

3种3组

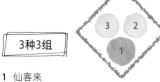

1 仙客来
2 三色堇
3 帚石南 "花园女孩"

容器尺寸 15厘米×15厘米、高20厘米
制作者 佐佐木幸子

19 寒冬中分外迷人的银白色搭配

本作品选择了与冬日景色十分相称的仙客来。
为了突出仙客来银白色的叶子，还搭配了与叶片背
面的颜色一致的忍冬。
无论是否开花，二者都能够相互衬托，
成为花园中最耀眼的存在。

3种3组

1 仙客来 "白金阿佛洛狄忒"
2 忍冬 "红色碎片"
3 金槌花

容器尺寸 直径12厘米、高15厘米
制作者 CHIRO

秋

仙客来

20 简约的设计更要使用优质的花苗

茎部较长，容易弯曲的仙客来，更能打造出动态感。
种上两组更能让其成为绝对的主角。
配角选用了细小的叶片静静下垂的鹦鹉喙百脉根。
种植时选用能够悬挂的花盆，
下垂的鹦鹉喙百脉根仿佛轻柔的裙摆一般随风摇摆。

2种2组

1 仙客来
2 鹦鹉喙百脉根 "棉花糖"

容器尺寸 直径17厘米、高17厘米
制作者 土谷MASUMI

秋

秋

21 简洁色彩突出鹿蹄草果实的可爱风混栽

为了不让作品显得过于凌乱，刻意减少色彩的种类，不容易审美疲劳。

帚石南随着气温的降低颜色也会愈发明显。

加入了不耐寒的仙客来，因此寒冬时节要放在屋内打理。

3种3组

1 仙客来"提莫"
2 帚石南
3 鹿蹄草

容器尺寸 直径18厘米、高25厘米
制作者 宇田川佳子

35

仙客来

秋

22　整体色调统一的成熟混搭

为了让荷叶边的仙客来显得成熟，
可以搭配花蕊颜色较深的荷叶边三色堇。
中心种植了金色系的薹草，增加了整体的律动感。
容器也选择了和仙客来相配的颜色，形成整体色
调的统一。

3种3组

1　仙客来
2　三色堇
3　薹草"金手"

容器尺寸　22厘米 × 11厘米、高17厘米
制作者　佐佐木幸子

23 古朴的色调让可爱的花朵成熟起来

主角是向上盛开的仙客来。
古朴的花色，搭配复古的毛
叶秋海棠，种植在造型简约
的花盆里，就是一盆成熟的
作品。
仙客来原本是5月左右盛开，
这里使用了温室栽培的花苗。

3种3组

1 仙客来"安茹"
2 毛叶秋海棠
3 马蹄莲

容器尺寸 直径17厘米、高19厘米
制作者 佐佐木幸子

24 华丽的仙客来搭配叶类植物打造随意风格

仙客来的花朵大而华丽，
搭配上两种叶片较小的叶类植物，
让仙客来从原本奢华的形象，
转为更加随意、亲切的风格。

3种3组

1 仙客来
2 朱蕉"亮叶朱蕉"
3 合果芋"霓虹"

容器尺寸 14.5厘米×9厘米、高8.5厘米
制作者 佐佐木幸子

取出仙客来的时候，要注
意不要伤害到根部，不要
清理上面的土壤。注意调
节土壤的高度，让仙客来
的球根一半露出表面。

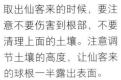

37

抚子花

25 用叶子和独特的铁艺装饰衬托复古的花色

色彩复古而成熟的抚子花，
搭配上金钱掌和金色的过路黄。
花期过后，可以欣赏叶子鲜艳的色彩。
花盆为日式风格，搭配纤细的铁艺装
饰，更添时尚感。

秋

3种3组

1 抚子花"阳光蜜蜂黑丁香"
2 金钱掌
3 金色过路黄"利希"

容器尺寸 直径18厘米、高6厘米
制作者 杉井志织

38

秋

26 简约的秋日抚子花搭配
带提手的花篮

简约的作品搭配带有铁丝提手的花篮。

因为马蹄金纤细的藤蔓不断生长，

所以可以让藤蔓缠绕在把手上，或进行适当修剪。

打理起来十分方便，第二年春天就可以欣赏美丽的混栽了。

2种3组

1 抚子花"奥斯卡"
2 马蹄金

容器尺寸 直径15厘米、高13厘米
制作者 杉井志织

花毛茛

27 淡雅的花朵与绿叶打造出一篮美景

淡雅迷人的浅绿色花毛茛，
让人联想到早春的淡粉色报春花。
用大戟将高矮不一的二者过渡衔接起来，
仅用3组植物就能打造出迷人的景观。
容器也选用了浅色的花篮。

3种3组

1 花毛茛"阿拉克涅二世"
2 报春花"朱利安"
3 长叶大戟

容器尺寸 直径16厘米、高14厘米
制作者 荣福绫子

秋

秋

28 能够重复利用的可爱
粉红混栽

花朵艳丽的花毛茛和花朵小巧的报春花相得益彰，
后面也搭配上略带粉色的珊瑚玲作为颜色过渡。
即使花毛茛的花期较短，会提前凋谢，
只要重新种上同色系的三色堇，
就能够将整体重复利用，成为新的作品。

3种3组

1 花毛茛
2 报春花
3 珊瑚玲 "黄油奶油"

容器尺寸 直径24厘米、高22厘米
制作者 吉谷桂子

其他植物

29 新娘一般简约、清纯而华丽

报春花的花色多样，造型也充满变化，
尤其是报春花"朱利安"，只一组就非常显眼。
打造出新娘一般清纯而华丽的混栽作品。
加入带有白色斑纹的薜荔，
整个作品仿佛手捧花一般。

2种2组

1 报春花朱利安"葡萄果汁（muscat jure）"
2 薜荔"考拉"

容器尺寸 直径12厘米、高15厘米
制作者 CHIRO

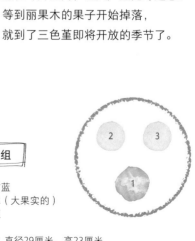

30 宛如冬日饰品一般的白色丽果木和羽衣甘蓝

丽果木拥有白色的茎和果实，属于常绿灌木。
在圣诞季，白色的果实如飘扬的雪花一般点
缀在叶片之间，让人产生无尽遐想。
等到丽果木的果子开始掉落，
就到了三色堇即将开放的季节了。

3种3组

1 羽衣甘蓝
2 丽果木（大果实的）
3 三色堇

容器尺寸 直径29厘米、高23厘米
制作者 杉井志织

春

31 用色调来统一不同个性的叶子

秋海棠的叶子充满艺术感，搭配相同色系的草胡椒，
再加上叶片背面呈现铜色的紫露草。
虽然每种植物都个性十足，但都属于同一色系，因此
作品整体十分和谐而安定。

3种3组

1 秋海棠"粉色水貂"
2 草胡椒
3 紫露草

容器尺寸 直径25厘米、高25厘米
制作者 宇田川佳子

32 春风轻拂
简约的香草之花

造型简洁大气的花瓶，
瓶中花朵在微风中轻轻起舞。
铁丝网灌木弯曲的枝条肆意生长，
搭配自然下垂的悬钩子。
芝麻菜的花色和形状素雅而简约，
即使不食用，也别有一番风味。

3种3组

1 芝麻菜
2 铁丝网灌木
3 悬钩子"求婚"

容器尺寸 直径15厘米、高25厘米
制作者 CHIRO

44

33 自己种的四季豆与彩色小花的协奏曲

自家栽种的四季豆，会长出绿油油的三角形叶片，很有夏天的感觉。

因为生长周期很短，所以很快就能收获果实。

四季豆的果实和叶子都是绿色，所以要搭配彩色的小花矮牵牛，同时还选择了红色的容器。

1 无藤四季豆种子
2 忍冬 "柠檬美人"
3 小花矮牵牛（混合）

2种3组 + 种子

容器尺寸 26厘米 × 28厘米、高18厘米
制作者 荣福绫子

其他植物

34 用相反色的叶子来衬托清凉的蓝色花朵

清凉而迷人的浅蓝色绣球花，
这里特意选用与其颜色相反的金黄色
风知草和银色的野芝麻进行衬托。
野芝麻的叶子仿佛随风摇摆，
自然地遮掩着花盆，打造出独特的风
情和律动感。

3种3组

1 绣球花 "石槌之光"
2 黄金风知草
3 野芝麻

容器尺寸 直径18厘米、高25厘米
制作者 土谷MASUMI

春

Part 2

4组和5组植物的
中型创意混栽

只要学会了搭配植物，

中型的混栽作品其实是最容易制作的。

花与叶子的搭配方式也会更加多样化，

再加上自己独特的创意，

就能够打造出拥有超出植物本身魅力的作品。

三色堇

35 从花篮中溢出的渐变浅色花朵

这个花篮正好可以装下4组植物。
这里选择了4种造型不同但色系相同的花朵，
让花朵仿佛丛花篮中溢出一般。
尤其突出了颜色渐变的效果。

秋

1 三色堇
2 仙客来"皮波加"
3 樱草
4 香雪球

容器尺寸 28厘米 × 22厘米、高17厘米
制作者 吉谷桂子

秋

4种4组

36 紫色与黄色的黄金比例

紫色的花瓶搭配紫色的三色堇。
配角并没有选择同色系的植物，
而是用金色的女贞作为整个作品的亮点。
到了春天，前面的金钱草也会开出黄色的花朵。

1 三色堇
2 女贞 "午夜阳光"
3 小花鼠尾草
4 金钱草 "柠檬和莱姆"

容器尺寸 直径22厘米、高20厘米
制作者 吉谷桂子

49

秋

3种4组   2种2组

1 三色堇 "横滨特选金茶"
2 悬钩子 "古典"
3 三色堇 "横滨特选 绅士"
4 忍冬
5 白龙

容器尺寸 11.5厘米 × 11.5厘米、高19.5厘米
制作者 土谷MASUMI

37 组合迷你作品

制作这一作品需要两个小容器。
这里选择了两种颜色雅致的三色堇，
通过改变叶子的风格，打造出完全不一样的感觉。
装饰的时候把两个容器一前一后放置，更有味道。

38 选用与植物颜色相互融合的容器

图中的三色堇被称为"小兔子"，
因为它长长向上延伸的花瓣像兔子耳朵，
再搭配上花朵一般的羽衣甘蓝和雅致的浅蓝色容器。
如果容器底部没有漏水孔，
可在种植之前在盆底放入硅酸盐白土，
能够防止植物根部腐烂。

秋

3种4组

1 三色堇"太阳的安吉尔"
2 帚石南"花园女孩"
3 羽衣甘蓝

容器尺寸 直径20厘米、高16厘米
制作者 井上真由美

三色堇

秋

39 适合深秋的金色风格作品

黄色的柚子果实，
搭配涂成黄色的花盆中如秋季落日一般的花朵。
一旦决定了想要使用的主题色，
就可以开心地搜集使用的植物啦！

4种4组

1 三色堇 "布丁布丁"
2 三色堇
3 忍冬 "极光"
4 樱草

容器尺寸 直径22厘米、高20厘米
制作者 吉谷桂子

秋

40 用花盆涂鸦来改变作品风格

白色斑纹的赫柏，本身就泛着浅浅的粉色，刚好可以用来搭配粉色的花朵。
花盆选择了和叶子更和谐的绿色。
52和53页的作品，
使用了相同的花盆，
只是通过不同的颜色改变了风格。

4种4组

1 三色堇 "妖精纱"
2 樱草
3 仙客来
4 白斑赫柏 "大黄蛋奶糊"

容器尺寸 直径22厘米、高20厘米
制作者 吉谷桂子

41 花色与花盆用暖色调统一

为了配合粉色的花盆，
选择了盛开的樱草作为主角。
用色系相同但造型不同的秋冬季花材，
打造出一个小巧而温馨的混栽作品。

秋

4种4组

1 三色堇
2 樱草
3 仙客来 "皮波加"
4 帚石南 "花园女孩"

容器尺寸 直径22厘米、高20厘米
制作者 吉谷桂子

三色堇

42 适合装饰秋季庭院的花篮

花篮造型的作品，非常适合挂在秋冬季节树叶掉落的枝头。

深沉、雅致的铜色三色堇与叶子，令人无比期待冬天的到来。

4种4组

1 三色堇 "自然铜影"
2 高加索麒麟草
3 帚石南
4 初雪葛

容器尺寸 20厘米×12厘米、高10厘米
制作者 CHIRO

秋

43 感受从冬到春的造型变化

随着季节的变换，混栽作品的造型也会
发生变化。
银莲花与三色堇的花色会渐变，
花苞也会陆续绽开。
选择色系相同的花朵，就可以打造出美
丽的渐变效果，
欣赏逐渐变化的美好过程。

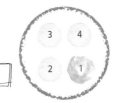

4种4组

1 三色堇
2 金鱼草"铜龙"
3 银莲花
4 珊瑚铃

容器尺寸 直径20厘米、高20厘米
制作者 CHIRO

44 自然古朴的三色堇花篮

花朵虽小但存在感十足，
以配色独特的三色堇为主角，
打造花篮形式的作品。
在花篮的内侧铺上苔藓，
整体风格自然亮丽。
到了春天，野芝麻会开出粉色
的花朵，和三色堇的花色相得
益彰。

2种4组

1 三色堇"小橘子"
2 野芝麻

容器尺寸 20厘米×12厘米、高10厘米
制作者 CHIRO

秋

三色堇

4种4组

45 欣赏不同叶子微妙的色彩变化

主角是叶子，还搭配了深色的三色堇作为亮点。
作品将有枝条的和向上伸展的植物搭配在一起。
使用素色容器，让叶子微妙的色差更加明显。

1 三色堇 "横滨精选"
2 珊瑚玲
3 百脉根
4 白妙菊

容器尺寸 22厘米×12厘米、高16厘米
制作者 CHIRO

秋

2种4组

46 喜欢的植物更要简洁搭配

三色堇的颜色差异很大，每一株都不相同，
找出自己最满意的一株，搭配简约的正方形容
器，减少植物种类，在对角位置种植，万无一失。

1 三色堇"横滨精选金茶"
2 斑纹夹竹桃

容器尺寸 20厘米 × 20厘米、高25厘米
制作者 CHIRO

三色堇

秋

4种4组

47 吸引眼球的小二仙草

自然伸展的小二仙草是作品的主角。
色彩古朴的三色堇也成为它的衬托。
用植物打造出轻盈感、统一感和流动感，
搭配厚重感十足的容器，更增其加独特的魅力。

1 三色堇"横滨精选金茶"
2 常青藤"白旺达"
3 小二仙草"梅尔顿青铜"
4 鳞叶菊

容器尺寸 直径20厘米、高25厘米
制作者 CHIRO

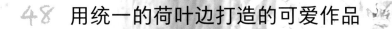

48 用统一的荷叶边打造的可爱作品

即使不是知名品种，也有许多颜色独特的花朵，三色堇
更是如此。
搭配其他植物，整体颜值更是成倍增长。
本作品用统一的荷叶边打造出了可爱的风格。

秋

5种5组

1 三色堇 "NAGOMI桃佳真真"
2 荷叶边三色堇
3 仙客来 "森林妖精"
4 西洋启介木藜芦 "彩虹"
5 新西兰亚麻 "彩虹巾"

容器尺寸 直径20厘米、高23厘米
制作者 佐佐木幸子

三色堇

49 紫色与黄色的惊艳搭配

作品虽小，但足够抢眼。
将后面的羽衣甘蓝种植得高一些，
就能够与三色堇完成更好的过渡。
分株的福克斯利百里香种在两侧，更增添动感。

3种5组

1 三色堇
2 羽衣甘蓝
3 福克斯利百里香

容器尺寸 20厘米×16厘米、高13.5厘米
制作者 土谷MASUMI

秋

秋

50 汇集各色三色堇

作品将各种颜色的三色堇
完美地混搭在了一起。
造型不同、大小不一，
但可以通过颜色的搭配组成统一的风格。
三色堇的造型会随着生长而发生变化，
更能让作品产生独特的律动感。

3种5组

1 三色堇 "妖精纱"
2 三色堇 "花剑蓝与紫"
3 三色堇 "奢华紫"

容器尺寸 30厘米×19厘米、高14厘米
制作者 杉井志织

51 用同色系花朵打造 统一感

这是60页作品另一颜色的版本。
只要改变三色堇的颜色，风格就会完全不同。
选择与羽衣甘蓝颜色相似的三色堇，
可以打造统一感。

3种5组

1 三色堇 "新浪潮"
2 羽衣甘蓝
3 福克斯利百里香

容器尺寸 20厘米×16厘米、高13.5厘米
制作者 土谷MASUMI

秋

仙客来

52 选择长速缓慢的植物制作混栽

朱砂根的生长速度十分缓慢，仙客来和樱草也如此，即使到了春天，高度也基本不会变化。
将它们种植在一起，可以打造供长时间观赏的作品。

4种4组

1 仙客来
2 仙客来"Pico仙女"
3 樱草"朱利安"
4 斑纹朱砂根"红孔雀"

容器尺寸 直径22厘米、高20厘米
制作者 吉谷桂子

秋

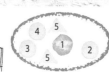

5种5组

53 白与黑打造成熟的艺术造型

纯白的仙客来给人以清纯感。
搭配黑龙与铁丝网灌木等黑色植物,
顿时有了成熟的艺术感。
可以装点在玄关处迎接客人。

1 仙客来
2 秋海棠 "冰霜之星"
3 鳞叶菊
4 铁丝网灌木
5 黑龙（分成两株）

容器尺寸 25厘米 × 14厘米、高18厘米
制作者 佐佐木幸子

樱草

54 提前感受满满春意

用郁金香来搭配冬季也会盛开花朵的樱草。
在11月下旬种植发芽的冰郁金香，
往往会在12月下旬开花。
因为盛开在寒冷的季节，所以保持的时间也更久。

秋

这种郁金香可以称为"冰郁金香"或
"冰冻郁金香"。大多需要事先预约才
能购买，往往是发芽球根的状态。和
其他花材一样，可以用来制作混栽，
制作时注意尽量避免伤害到它的球根。

4种4组+发芽球根

1 樱草"直觉"
2 常青藤"白雪公主"
3 宿根龙面花
4 金鱼草"铜龙"
5 郁金香"圣诞节之梦"发芽球根

容器尺寸　直径25厘米、高20厘米
制作者　井上真由美

用深红色容器来衬托浅粉色花朵

温柔的浅粉色樱草与带有白色斑纹的叶类植物十分相配。
各种枝叶向各个方向尽情延伸，增强了植物的存在感。
鲜艳的红色花盆更衬托出了植物的气质。

5种5组

1　樱草"朱利安"
2　欧石楠"白色喜悦"
3　千里光
4　鳞叶菊
5　斑叶加那利常春藤

容器尺寸　26厘米×15厘米、高12厘米
制作者　井上真由美

56 在凛冽冬日闪闪发光的
金色植物

深秋之日，昼短夜长，
制作一盆闪闪发光的金色作品，仿佛留住一丝阳光。
将叶片金黄的柊叶放在中间，
配角选择了比花毛茛更低调的植物，更能凸显主角的光辉。

4种4组

| 4 | 2 |
| 3 | 1 |

1 花毛茛
2 樱草
3 三色堇 "横滨特选金茶"
4 柊叶 "阳光之星"

容器尺寸 直径25厘米、高18厘米
制作者 吉谷桂子

秋

57 用温柔的颜色包裹住 纯白的花

银色的仙客来和柠檬黄色的樱草，
还有杏色的三色堇，
选取这些温柔淡雅的颜色，
让作为主角的白色花毛茛更加耀眼。
花毛茛喜干不喜湿，
所以浇水时要注意适量即可。

4种4组

1 花毛茛
2 樱草
3 仙客来
4 三色堇"香槟"

容器尺寸 直径22厘米、高20厘米
制作者 吉谷桂子

58 让大朵的粉色花朵 更加华丽

作品中使用的粉色花毛茛深浅不一，
为了让效果更加迷人，
需要将3朵花毛茛种植在合理的位置。
叶片娇小的三叶草以及龙面花，
更能够衬托出花毛茛的艳丽。

3种5组

1 花毛茛
2 龙面花
3 三叶草

容器尺寸 直径24厘米、高19厘米
制作者 吉谷桂子

秋海棠

春

4   3

2   1

4种4组

59 突出独特的叶片颜色和造型

个性十足的秋海棠非常适合用来制作混栽。
本次选用了造型和颜色都充满魅力的一株。
此外还另选了一株叶子颜色、脉络、造型都十分
有个性的秋海棠，盖住整个作品的底部。

1 秋海棠 "玛格丽特"
2 秋海棠
3 秋海棠 "雪帽子"
4 彩叶芋

容器尺寸 直径38厘米、高38厘米
制作者 宇田川佳子

60 叶类植物专属的混栽作品

本作选用了两种气质不同的秋海棠。
"鹿草"虽然叶片、花朵娇小，但野性十足。
原产巴西的"兔儿伞"，即使不开花也有着独特
的存在感。

4种4组

1 秋海棠"鹿草"
2 秋海棠"兔儿伞"
3 折鹤兰
4 椒草

容器尺寸 直径35厘米、高28厘米
制作者 宇田川佳子

春

61/62 用陶器打造东方韵味

矮牵牛本身带有一种复古的气质，
搭配上陶器，便能营造出一种东方韵味。
为了凸显花色的微妙差别，搭配了颜色温柔淡雅的叶类
植物，两盆为一组可供欣赏。

4种4组

1 矮牵牛
2 牛至
3 发草
4 蓖麻

容器尺寸 18厘米×18厘米、高24厘米
制作者 杉井志织

3种4组

1 矮牵牛
2 牛至
3 发草

容器尺寸 21厘米×21厘米、高21厘米
制作者 杉井志织

63 用细枝为矮牵牛增添动感

只要使用细枝支撑，
就能够打造出更加动感的造型，
是矮牵牛的特性。
搭配向上延伸的柳穿鱼，
清风吹拂下，
作品整体营造出一种清凉感。

3种4组

1 矮牵牛
2 紫柳穿鱼
3 常青藤

容器尺寸 27厘米×27厘米、高29厘米
制作者 杉井志织

春

矮牵牛

春

64　以白色为基调，清纯而华丽

矮牵牛的茎会朝上下左右各方向延伸，
因此使用有一定高度的容器能够提升作品整体高度，
营造出更加华丽的氛围。
向上生长的茎部由大戟支撑。
整体造型圆润，又充满律动感。

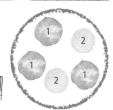

2种5组

1　矮牵牛
2　大戟"钻石冰霜"

容器尺寸　直径24厘米、高32厘米
（实际种植部分深度为18厘米）
制作者　杉井志织

65 用于过渡的叶类植物是关键

如果各种植物的组合显得更和谐，
即使小小的一盆，也能营造出很好的效果。
这里使用蔓性长春花来负责花朵、枝叶和容器之间的过渡。
想打造出好的作品，选择合适的过渡植物至关重要。

春

4种4组

3 1
4 2

1 矮牵牛
2 蔓性长春花 "霓虹灯"
3 珊瑚玲 "古典系列"
4 斑纹铁丝草 "追光灯"

容器尺寸 直径20厘米、高17厘米
制作者 砂川佳弘

其他植物

66 欣赏花朵的同时还能收获蔬菜

在同一容器中同时种植了花朵和夏季蔬菜，
是一个稍显奢侈的"美味混栽作品"
5月左右可以欣赏矮牵牛，到了夏天，还可以收获番茄与
罗勒，用来制作美味佳肴。

春

种植完成后作品在5月的照片。在收获小番茄与罗勒之前，可以先欣赏矮牵牛和景天。

4种4组

1 小番茄
2 矮牵牛
3 罗勒
4 景天

容器尺寸 直径20厘米、高32厘米
制作者 荣福绫子

春

4种4组

67 用叶类植物来衬托绣球花

绣球花常见于盆栽和庭院种植，
搭配上合适的叶类植物，魅力值瞬间增加。
绿色系的绣球花，颜色从淡绿到白色，最后又
变回绿色，能够欣赏的花期也比较长。

1 绣球花 "海因的星爆"
2 黄金风知草
3 珊瑚玲 "点石成金"
4 聚星草 "银影"

容器尺寸 直径24厘米、高25厘米
制作者 土谷MASUMI

其他植物

68 棕色的叶子提前带来秋意

作品用铁锈色的花篮搭配了明亮的红棕色锦紫苏。
带有黄色边缘的叶片造型独特，有出花朵一般的效果。
在使用非园艺用容器制作作品时，要在容器内侧提
前铺上麻布或椰纤维网。

2种4组

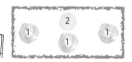

1 锦紫苏
2 大戟 "钻石冰霜"

容器尺寸 28厘米×10厘米、高10厘米
制作者 土谷MASUMI

69 直立式的容器搭配
自然下垂的植物

气质高雅的重瓣凤仙花，与茎部呈现
赤红色的铁丝草可以说是天作之合，
搭配复古风格的容器，魅力十足。
这种直立式的容器，搭配向下生长的
植物，就可以完美营造出作品的迷
人氛围。

3种4组

1 重瓣凤仙花
2 大戟 "钻石冰霜"
3 铁丝草 "压缩"

容器尺寸 直径17厘米、高20厘米
制作者 土谷MASUMI

70 复古的深红色花叶
搭配

选用红色的马口铁容器。
以马鞭草为中心，花朵、叶类都选用
了红色系的植物。
制作混栽时，尽量选择非匍匐性的马
鞭草，能够让作品显得更加丰满而有
分量。

5种5组

1 马鞭草 "心形饼干超级红"
2 小二仙草
3 鹦鹉喙百脉根 "棉花糖"
4 珊瑚玲 "温柔甜蜜公主"
5 珊瑚玲 "铜瀑布"

容器尺寸 19厘米×12厘米、高10厘米
制作者 土谷MASUMI

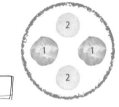

71 植物质感统一,如清风拂面

花艺作品中常见的法兰绒花,原产于澳大利亚。根据其特有的质感,搭配了与它质感相近的牛至,

在清风吹拂下,整个作品十分具有统一感。

2种4组

1 法兰绒花 "天使星"
2 牛至 "肯特美人"

容器尺寸 直径23厘米、高24厘米
制作者 砂川佳弘

72 适合作为母亲节礼物的混栽作品

每当母亲节临近，花店前总会摆满康乃馨。
搭配上叶类植物制作成康乃馨混栽，就成为一份别具匠心的礼物了。

叶类植物需要分株种植，种好后将茎部编织起来，打造轻盈动感。

4种4组

1 康乃馨
2 黑种草"绿色魔术"（分成2株）
3 牛至"肯特美人"（分成5株）
4 常青藤（分成8株，使用3株）

容器尺寸 直径23厘米、高22厘米
制作者 富田英明

春

73 三种植物的自然混搭

以麦秆菊为中心，周围环绕式种满黑种草，
空隙的位置种上分株后的金丝桃。
整体营造出三种植物从同一部位长出的混搭感，
将它们的枝条编织在一起，浑然一体。

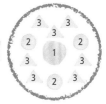

3种5组

1 麦秆菊
2 黑种草
3 金丝桃（分成7株）

容器尺寸 直径25厘米、高19厘米
制作者 富田英明

Part 3

6组和7组植物的
大型创意混栽

制作混栽的乐趣之一，

就是观察植物生长变化的过程。

各种花叶植物混搭在一起，

就能打造出别样风情，

一起来尝试大型的混栽作品吧！

三色堇

4种6组

74 适合迎宾的华丽风混栽

紫白菜与意大利笠松非常符合新年的节日氛围。
用统一的青紫色调，即华丽又有凛然之感。
花朵只选用了三色堇，打理起来也更加方便。
通过右前侧的忍冬，让整体更有律动感。

1　三色堇 "卷曲荷叶边白色"
2　忍冬
3　紫白菜
4　意大利笠松

容器尺寸　直径20厘米、高20厘米
制作者　CHIRO

秋

秋

75 规律种植颜色不同的花朵

这个作品只是用了三色堇和帚石南两种花材。帚石南的叶子呈红棕色，注意挑选茎部长一些的。

在圆润立体的三色堇之间隐隐露出的帚石南，为作品增加了一丝变化感。

为了搭配帚石南的颜色，选用了深棕色的容器，整体打造出浓浓的日式风情。

2种6组

1 三色堇 "凯蒂 轮盘"
2 帚石南 "日落"

容器尺寸 直径24厘米、高10.5厘米
制作者 土谷MASUMI

76 华丽而优雅的混栽作品

紫红色的荷叶边三色堇色彩华丽，随着花朵的绽放，颜色也会越变越深，能够观察到明显的渐变效果。

紫金牛略带一丝红色，分成3株种植在中间和左右两侧。

右边种上黑龙，让整个作品既华丽而优雅。

秋

3种6组

1 荷叶边三色堇 "戟"
2 紫金牛 "花车"（分成三株）
3 黑龙

容器尺寸 22.5厘米 × 22.5厘米、高19.5厘米
制作者 土谷MASUMI

三色堇

77 可用作壁饰的混栽作品

4种6组

颜色十分特别的三色堇，
搭配黑色沉稳的三叶草。
作品使用的花篮与普通容器一样，开口向上，
既可以直接放在某处静静观赏，也可以挂起来
作为壁饰。

1 三色堇 "天之羽衣"
2 三色堇 "蝴蝶犬世界"
3 帚石南
4 三叶草 "深色尼禄"

容器尺寸 35厘米×13厘米、高15厘米
制作者 宇田川佳子

78 减少颜色，增强作品冲击力

作品的主角是冬季的深红色三色堇与蔓虎刺。
选用了大量的叶类植物和红色植物。
减少作品中的颜色数量，能够增强视觉冲击力，
再搭配复古的浅灰色容器，三色堇的红色就更加耀眼。

秋

6种7组

1 三色堇 "虹色堇枫糖"
2 蔓虎刺
3 常青藤 "毛茸茸"
4 叶甜菜
5 鳞叶菊
6 薹草

```
  5   6
3   4   3
    1   2
```

容器尺寸 直径21厘米，高20厘米
制作者 土谷MASUMI

85

三色堇

79 能够衬托三色堇的精美配角

三色堇的花朵个性十足，千姿百态。
为了突出它的魅力，作品中搭配了低矮一些的植物。
选用半圆形的花篮，植物也修剪成可爱圆润的造型。
朴素的颜色与可爱的造型形成了鲜明的对比效果。

5种7组

1 三色堇 "艾博璐"
2 婆婆纳 "米菲"
3 麦冬（分成两株）
4 景天 "帕丽达木"
5 埃及三叶 "海伦"

容器尺寸 直径30厘米、高17厘米
制作者 荣福绫子

秋

80 少量的花朵也能展现出
动态美

使用的6种植物，除三色堇外都是叶类植物。
只要选择有个性的颜色和造型，就不会显得
单调，并且动感十足，别有趣味。
重点是要有意识地选择藤蔓植物和红色的植
物，增加植物的多样性。

6种7组

1 三色堇"妖精纱"
2 羽衣茉莉"菲欧娜日出"
3 斑叶忍冬
4 茜草
5 斑纹火棘"哈雷女王"
6 黑龙

容器尺寸 内侧直径15厘米、高26.5厘米
制作者 土谷MASUMI

三色堇

秋

81 可以直接作为礼物的
花篮混栽

三色堇偏爱干燥一些的环境，适合种植在
花篮中。
在花篮中铺上无纺布再种植。
大朵的三色堇仿佛紫色的缎带，
因为使用了可以手提的花篮，所以非常适
合作为礼物。

3种7组

1　三色堇（白色加紫色）
2　三色堇（紫色）
3　粉花绣线菊

容器尺寸　37厘米×33厘米、高18厘米
制作者　杉井志织

82 用个性十足的叶类植物来凸显
低矮的三色堇

矮小而稍显朴素的蓝色系三色堇，
在混栽作品中总显得不够吸引眼球。
所以在本作中选用了能够"衬托"它的完美配角。
偏爱干燥的原种仙客来整株种植，
混栽完成后，可以欣赏各种叶类植物的自然造型。

秋

4种6组

1 三色堇"蔚蓝"
2 仙客来
3 铁丝草"追光灯"
4 羽衣茉莉"菲欧娜日出"（分成四株）

容器尺寸 28厘米×12厘米、高11厘米
制作者 土谷MASUMI

羽衣甘蓝

83 黑色羽衣甘蓝作为配角也能衬托出其他植物的魅力

将常用作主角的黑色羽衣甘蓝作为配角，既凸显
其自身个性，又衬托出三色堇和其他叶类植物。
将初雪葛分成4株，营造作品的律动感，
前方的白色羽衣甘蓝则为作品增添一抹亮色。

5种7组

1 羽衣甘蓝"光子（圆叶）"
2 白色羽衣甘蓝
3 赫柏"火烈鸟"（分成两株）
4 三色堇"妖精纱"
5 初雪葛（分成4株）

容器尺寸 23厘米×10.5厘米、高9厘米
制作者 土谷MASUMI

秋

84 用色彩鲜亮的容器搭配浅色三色堇

颜色透亮的浅蓝色三色堇，最适合搭配色调温柔的花朵和叶子。

将常青藤分株后分散种在各处。

亮色的马口铁容器也成了作品的一部分，

与植物和谐一体。

4种7组

1 羽衣甘蓝
2 荷叶边三色堇
3 三色堇 "天蓝"
4 常青藤 "白雪公主"（分成五株）

容器尺寸 26厘米×20厘米、高20厘米
制作者 佐佐木幸子

羽衣甘蓝

秋

5种7组

85 带有荷叶边的皱叶羽衣甘蓝
打造玫瑰一般的奢华效果

皱叶羽衣甘蓝华丽的荷叶边，分量感十足，
即使在冬日也能营造出玫瑰一般的奢华感。
中间部位呈现复古的色调，
搭配颜色独特的三色堇和龙面花。
此外还搭配了富有动感的叶类植物。

1 羽衣甘蓝
2 龙面花 "巧克力慕斯"
3 白千层 "革命黄金"
4 三色堇 "磨砂巧克力"
5 冲绳菊

容器尺寸 32厘米 × 20厘米、高16厘米
制作者 井上真由美

86 两种造型与颜色各不相同的深色羽衣甘蓝

花朵只选用了三色堇，但主角是造型和颜色都十分具有冲击力的羽衣甘蓝。

搭配银色的鳞叶菊，为作品增添一丝律动感。

本作品的观赏期很长，能够从秋天一直保持到来年春天。

5种6组

1 羽衣甘蓝"萌花巧克力"
2 羽衣甘蓝"黑色萨菲尔"
3 茵芋"绿色"
4 鳞叶菊
5 三色堇"天使丁香"

容器尺寸 直径25厘米、高23厘米
制作者 井上真由美

樱草

87 用樱草独有的深粉色作为主题色

作品的主角是花瓣上带有荷叶边的
深粉色樱草。
选择了能够衬托樱草的花朵和叶类植物,
打造出植物从容器中满溢出来的效果。
要注意考虑各种植物的高矮搭配。

| 5种6组 |

1　樱草
2　山柳菊 "巧克力蘸酱"
3　斑纹金鱼草
4　帚石南
5　福克斯利百里香

容器尺寸　直径16.5厘米、高12.5厘米
制作者　土谷MASUMI

88 野草莓与樱草的 "美味" 组合

从樱草的品种名称 "桃子棉花糖" 出发,
选用一年四季都会结果实的野草莓搭配。
两者的叶片颜色相似,作品整体显得很明快。
野草莓的茎部过长会影响植株的健康,所以要及时修剪。

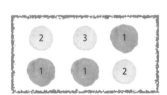

| 3种6组 |

1　樱草朱利安 "桃子棉花糖"
2　野草莓
3　筋骨草

容器尺寸　38厘米×19厘米、高14厘米
制作者　杉井志织

秋

89 用分成小株的花朵填满主角
花朵之间的空隙

3种7组

人们一般习惯单独观赏樱草"朱利安"。
将常绿屈曲花之类的小花分株后点缀在樱草之间的空隙处，
就能打造出花束一般的可爱作品。
常绿屈曲花和庭荠等需要分为小株的花苗，
在购买前一定要仔细检查根部是否健康。

1 樱草"朱利安"
2 宿根常绿屈曲花（分成5株）
3 风信子（发芽球根）

容器尺寸 23.5厘米×14厘米、高17厘米
制作者 富田英明

95

郁金香

90 两种橙色郁金香的华丽组合

以有一定高度的西洋光叶石楠为背景，
一深一浅两种颜色的郁金香为主角。
可以用来点缀西式、日式等各种风格的庭院。
在郁金香开花之前，三色堇和茵芋可以吸引眼球。

秋

6种6组+冰郁金香发芽球根

1 冰郁金香 "安妮席尔德"　　　7 西洋光叶石楠 "辐射点"
2 冰郁金香 "橙子公主"　　　　8 铁丝网灌木 "粉色花茎"
3 三色堇 "可爱啾啾"
4 茵芋 "绿色小矮人"　　　　　容器尺寸　直径34厘米、高33厘米
5 珊瑚玲 "格鲁吉亚海岸"　　　制作者　井上真由美
6 大戟 "洋地黄"

91 同时盛开的发芽球根郁金香与水仙

本作品选择了重瓣郁金香中，

会在寒冬时节盛开的"冰郁金香"花苗。

因此，能够在同一时期

欣赏它与同样在冬季开花的水仙。

在前面点缀一些黄色的柊叶和紫色的三色堇，

为整个作品增添华丽感。

3种6组+郁金香发芽球根

1 冰郁金香 "橙色公主"
2 超级香雪球 "寒夜"
3 柊叶 "阳光之星"
4 三色堇 "天使丁香"
5 重瓣日本水仙发芽球根

容器尺寸 62厘米 × 18厘米、高23厘米
制作者 井上真由美

矮牵牛

92 充分发挥矮牵牛渐变颜色的魅力

重瓣矮牵牛刚刚盛开的时候是浅黄色，
随着时间的推移会逐渐变成深米色。
为了能充分发挥这种渐变花色的魅力，
作品中仅搭配了用来过渡花材与容器的叶类植物，
简约而富有魅力。

2种6组

1 矮牵牛"双人床柠檬"
2 菜豆树

容器尺寸 直径20厘米、高18厘米
制作者 砂川佳弘

93 与棕色容器互相辉映的黄色植物

复古风格的容器和亮丽的黄色植物可以说是天作之合。

因为容器本身较高，所以选择了有一定高度的植物，打造出造型上的延伸感。

使用已经生长了一段时间的植物，能让作品的造型更加百变。

春

6种7组

1 矮牵牛"热带松露"
2 珊瑚玲"太阳点"
3 斑纹金丝桃
4 茜草
5 斑纹忍冬
6 大戟

容器尺寸 16厘米、高26厘米
制作者 土谷MASUMI

绣球花

94 紫色的叶子更能衬托花朵的娇艳

作品中使用的是在母亲节非常受欢迎的绣球花。
现在市面上已经开始流通适合种植在花盆中的品种，可以买来搭配合适的叶类植物，制成混栽。
深紫色的筋骨草和紫蕨草，更能够衬托出粉色花朵的娇艳。

春

5种6组

1 绣球花"舞蹈派对"
2 紫金牛
3 紫蕨草
4 筋骨草
5 宽叶苔草

容器尺寸 直径26厘米、高10厘米
制作者 土谷MASUMI

100

春

95 初夏代表花朵绣球花搭配
修长的叶类植物

这个作品非常适合作为母亲节的礼物。

选择大棵的绣球花苗，保持根部的完整，深深地
种植在花盆中。

其他植物分散根部种植在绣球花的上方，
这就是制作本作品的窍门。

记得在作品下方搭配上与绣球花同色系，芳香扑
鼻的天芥菜。

4种7组

1 紫阳花
2 马蹄莲
3 石竹"黑爵士"
4 天芥菜

容器尺寸 直径25厘米、高23.5厘米
制作者 富田英明

春

96 **斑纹叶片、白色花朵衬托下宛如水果般诱人的彩椒**

拥有水果般诱人香气的彩椒，
会结出许多小小的果实，适合用来制作混栽。
用百日草和婆婆纳打造自然的过渡，点缀上能够
成为亮点的深色锦紫苏。
容器也涂成了能够衬托彩椒的颜色。

6种6组

1 红色彩椒
2 橙色彩椒
3 鼠曲草 "微笑唇"
4 百日草 "慷慨"
5 锦紫苏 "午夜绿"
6 婆婆纳 "米菲"

容器尺寸 直径31厘米、高28厘米
制作者 荣福绫子

97 以酸浆为中心的白绿混栽

这是一个以使用酸浆为主角的作品。
与观赏用酸浆不同，食用酸浆的颜色虽然并不
鲜艳，但气球样的造型却是说不出的可爱。
容器和其他植物和容器都尽量选择绿色或白色，
打造清爽的氛围。

5种6组

1 酸浆（菇茑）
2 大戟 "钻石冰霜"
3 斑纹辣椒 "卡里克"
4 马鞭草 "白皇后"
5 常青藤 "白旺达"（分成2株）

容器尺寸 直径25厘米、高21厘米
制作者 荣福绫子

春

蔬菜和香草

98 突出瑞士甜菜颜色的独特配色

瑞士甜菜的叶柄和叶脉的颜色十分特别，
需要选择能够衬托出其魅力的植物来搭配。
窍门是不要选择同一色系，要选用有一些区别的颜色。
本作品选用了黑色的三色堇作为映衬，
又添加了黄色的三色堇作为亮点。

春

7种7组

1 瑞士甜菜（红）
2 瑞士甜菜（黄）
3 帚石南 "花园女孩"
4 荷叶边三色堇（柠檬）
5 荷叶边三色堇（橙子）
6 黑色三色堇
7 珊瑚玲 "三角洲黎明"

容器尺寸 直径20厘米、高19厘米
制作者 佐佐木幸子

99　同时欣赏圣女果和香草花

本作品同时种植了不需要支架的圣女果和香草。

除了四季盛开的薰衣草和金盏花，还可以欣赏芝麻菜的小花。

柠檬草可以用来制作美味的花草茶，斑纹六道木则为作品带来了一丝清凉。

7种7组

1　圣女果"瑞吉娜"
2　薰衣草"森特威亚"
3　金盏花"苏兰"
4　芝麻菜
5　六道木"五彩屑"
6　风轮菜
7　柠檬草

容器尺寸　直径25厘米、高23厘米
制作者　荣福绫子

其他植物

100 融合性极强的色彩，打造令人放松的混栽作品

将本作品装点在玄关处，
可以让家里充满温馨柔和的春天气息。
以珊瑚粉为主色调，
搭配能够融入四周的柔和色彩，
如浅绿色和柠檬黄色。

春

5种6组

1 非洲菊
2 南非豪 "春之精灵"
3 萨菲尼亚
4 荷花
5 珊瑚玲 "追光灯"

容器尺寸 直径22厘米、高20厘米
制作者 CHIRO

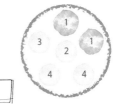

101 青柠绿与紫色的清爽混搭

4种6组

清爽宜人的青柠色彩叶草，与优雅的紫色天
使花，搭配起来效果绝佳。
加上夏日感十足的白色小玉叶金花和夕雾，
更显得成熟而优雅。
冷色调的作品一般选择搭配灰色的容器。

1　天使花 "塞勒尼塔"
2　夕雾花 "勃艮第红酒"
3　小玉叶金花
4　彩叶草

容器尺寸　直径25厘米、高23厘米
制作者　CHIRO

其他植物

102 常青藤缠绕在颜色百变的 微型月季上

微型月季"绿冰"在刚刚盛开时是奶油色的，
之后边缘会逐渐变成浅绿色。
使用两组常青藤，每组分成三四株，
在种植常青藤时，注意把藤蔓缠绕在微型月季
上和龙面花上，打造出别致而自然的效果。

3种6组

1 迷你玫瑰"绿冰"
2 宿根龙面花
3 常青藤"白旺达"（总计2组，分成7株）

容器尺寸 32厘米×10.5厘米、高11厘米
制作者 富田英明

秋

夏

103 选择耐高温和潮湿的植物，尽可能地延长最佳观赏期

黑色的大花木槿，红色的罗勒，加白色的大戟，整个作品的配色充满了夏天的气息。

罗勒能够耐高温与湿气，也不怕阳光直射。

在这里将大花木槿作为叶类植物使用，有时到了秋季，就会开出红色的花朵。

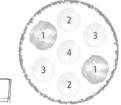

4种7组

1 罗勒 "紫色褶皱"
2 大花木槿 "红洛克"
3 假紫苏
4 大戟 "钻石冰霜"

容器尺寸 直径27厘米、高15厘米
制作者 土谷MASUMI

其他植物

104 合理布局，让下垂的花朵更有魅力

为了突出花朵向下垂的球根矮牵牛，本作品选择了船形容器，
让矮牵牛保持向外伸展的姿态。
后方种上了悬钩子，微微透出一些淡绿色，
为了便于观赏矮牵牛的花朵，可以把作品放在木箱上。

春

1	2	1
1	1	1

2种6组

1 球根矮牵牛 "杏子幻想"
2 悬钩子 "阳光灿烂"

容器尺寸 23厘米 × 12厘米、高12厘米
制作者 CHIRO

春

105 用蓝色雏菊来调和互补色

黄色的鞘冠菊与青紫色的牛舌草彼此为互补色。
选用有浅蓝色花瓣和黄色花蕊的蓝色雏菊作
调和。
忍冬的叶片颜色十分美丽，不要让它自然下垂，
而要使其向上竖起。

4种7组

1 蓝色雏菊
2 鞘冠菊
3 牛舌草
4 忍冬

容器尺寸 直径20厘米、高20厘米
制作者 CHIRO

111

混栽制作者

井上真由美

"河野自然园"代表，球根植物专家。运营网店"球根屋.com"，专门销售自己严选的植物，此外在园艺领域也十分活跃。

宇田川佳子

园艺家，"Myu Garden Works"代表，日本圣诞玫瑰协会理事。以东京西区为中心，参与了许多以便于日常打理的有机园艺设计。

荣福绫子

园艺家。"plants屋"代表制作了许多原创的彩漆花盆，并活跃于盆栽设计等多领域。

佐佐木幸子

在茨城县常陆那珂市的老家开了植物商店"夏雪(summer snow)"。除了销售精心挑选的花苗和绿植类之外，还开办混栽学习教室。

杉井志织

园艺家。经常活跃在杂志及电视上，同时负责东京御台场海滨公园等的花坛志愿者管理的指导和花坛管理。

砂川佳弘

群马县前桥市大型园艺专卖店"花园泉"的店长。擅长使用当季的特色花材制作混栽作品。

CHIRO

在打理自家庭院的同时，还经营着"Chiro的混栽屋"，提供定制混栽。

土谷MASUMI

花艺商店的混栽教室讲师，活跃在第一线。在自己的博客上也会每天介绍各种当季的混栽作品，十分有人气。

富田英明

园艺家。凭借宛如刺绣一般纤细而艳丽的原创混栽作品，获得了许多支持者。不定期会开办混栽学习教室活动。

吉谷桂子

在英国生活7年，充分接触园艺文化，作为英国园艺研究家和花园设计师活跃在第一线。参与了箱根的"小王子博物馆"等的园艺设计。

摄影　今井绣治　　入江寿纪　川部米应
　　　弘兼奈津子　黑泽俊宏　佐山裕子
　　　柴田和宣　　土屋哲郎　松木润
　　　（主妇之友出版社摄影课）
插画　ARAI NORIKO
日文版企划编辑　松本亨子
日文版负责编辑　平井麻理